超实用！我的露台花园

My Multifunctional Terrace Garden

哓气婆 编著

江苏凤凰美术出版社

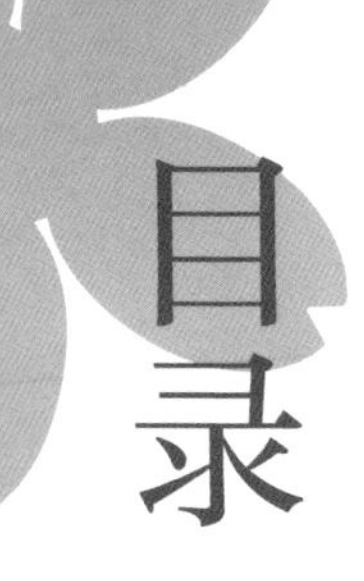

目录

第1章

打造露台花园，你准备好了吗？

盘点空间，做好整体规划 006

总有一种风格适合你 010

常用地面铺装材料的选择 014

露台防水攻略 017

第2章

巧妙利用造园工具

第3章

一分耕耘，一分收获

人气植物选择 028

与祸祸花儿的病虫害说“NO”！ 048

第 4 章
装扮你的露台

家具 052
花盆、花架 053
秋千或吊椅 055
杂货摆件 055

第 5 章
我的露台我打造

六叔的低维护露台花园 058
合园 072
波叔的露台花园 080
冬虫的花园 092
荷塘月色的花园 106
大姚的露台花园 116
茗妈花园 130
微语的花园 146
七月花园 158
嗯嗯花园，爱的陪伴 168

◆•— 第1章 —•◆

打造露台花园，你准备好了吗？

露台，一般是指住宅的屋顶平台，或由于建筑结构需求及改善室内外空间组合而在其他楼层中做出的大阳台。露台一般面积较大，没有屋顶，光照条件较好。

露台有许多优势，因为没有屋顶遮挡，所以基本是全日照。高层顶楼露台私密性好，不用担心高层坠物，低楼层露台则需要做相应的防护措施，如加盖顶棚等。露台也有很多缺点，如在盛夏时节，阳光暴晒，植物会较难养护；土壤深度有限，种植植物种类受限；需要额外处理防水问题，一旦漏水需要拆除花园，重新做防水处理等。

盘点空间，做好整体规划

露台的朝向与采光

因为没有屋顶遮挡，所以相对于阳台来说，露台的朝向对采光和通风的影响就显得没有那么重要了，但还是需要根据采光的实际情况来选择适合的植物。植物的种植也需要遵循一定的规则，一般高一些的植物，可以种植在露台的北面或者靠墙种植，这样不会遮挡阳光，草花和其他喜阳的花卉，可以种植在南面。另外，可以在高大的主景植物下面种植一些喜阴植物，如绣球、玉簪、瑞香等，这样高低搭配，既节省了空间，还能增加花卉的品种和数量。

一年生的草花可以说是开花时间最长的一种花了，按季节交替更换品种，可以实现时时有花可赏的梦想。草花虽然寿命短，但绝对是开花的主力，藤本和木本花卉虽然开花旺盛，但是花量、花期都比不上草花，并且草花摆放起来更加灵活。需要注意的是草花基本都属于阳性植物，必须有充足的阳光才能正常生长、开花，如矮牵牛、酢浆草、三色堇、美女樱、波斯菊等，都是非常优秀的草花。

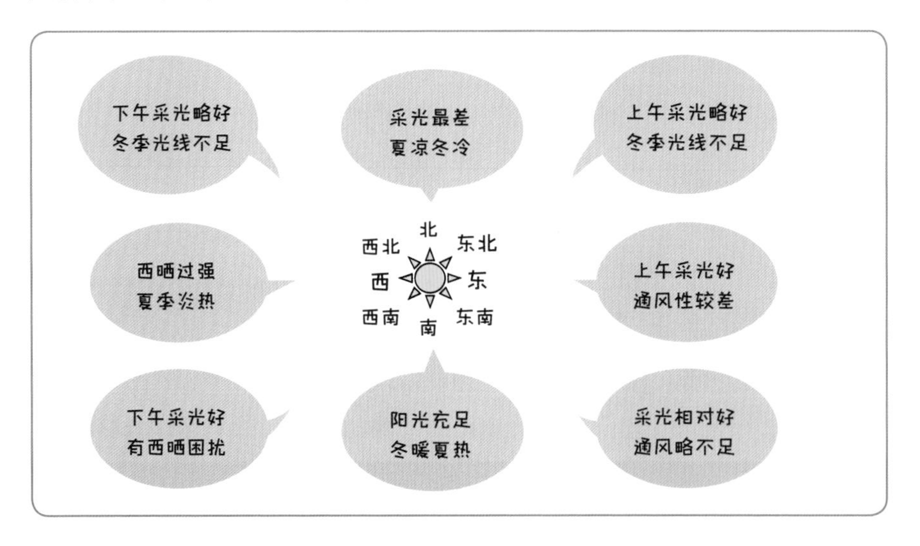

露台的功能分区

设计露台花园，首先要考虑其功能性，就是你想在露台上做什么，然后根据自己的需求去布置露台的各个功能区，最好能在图纸上按比例画出来，做到心中有数。露台花园通常可以分为以下几个主要区域：观赏植物种植区、蔬菜种植区、休闲娱乐区、亲子活动区、收纳储物区等。

（1）观赏植物种植区

要将露台装点成花园，就缺少不了各种漂亮的绿植和花卉，工作之余花点时间去养护这些花花草草，整个人会放松很多。根据季节的更迭，种上适宜的花草，如太阳花、天竺葵、三色堇、铁线莲、藤本月季等，不仅美观，还能阻挡阳光对屋顶的直射，起到隔热的作用。

图片来源：糯米花园

图片来源：Adam's Hanging Garden

（2）蔬菜种植区

你是不是也有种菜情结？露台的光照条件好，蔬菜的根系也不深，如果空间允许，何不开辟一块蔬菜种植区，体会自给自足的乐趣！这样不仅可以吃上自己种的无公害蔬菜，翠枝绿叶和硕果累累也不失为一道美景。

图片来源：Adam's Hanging Garden

（3）休闲娱乐区

规划一块休闲区，布置休闲桌椅、餐台、秋千、摇椅、户外遮阳伞、投影幕布、葡萄架，甚至可以布置一个户外浴缸。可以一个人在这里晒晒太阳、看看花草、赏日落余晖，或与三五好友在露台聚餐，又或与爱人一起看一场电影。

图片来源：Adam's Hanging Garden

（4）亲子活动区

露台光线充足，空间也较大，何不将其设计为温馨的亲子乐园？铺一个孩子最喜欢的沙池，或者布置一个滑梯、儿童篮球架，又或者与孩子一起播种、浇花、翻土、抓花草上的虫子、摘果子，花园变成了孩子跟大自然亲近的游乐场，快乐才是童年最重要的主题。

图片来源：颐乐空间设计

（5）收纳储物区

如果想让露台花园整洁美观，最好规划一个收纳储物区，用来收纳园艺工具、备用的花盆、花泥、花肥和其他杂物等。一个与花园风格匹配的户外储物柜或者小工具房都是不错的选择。

除了以上几种常见的功能区，还可以设置读书区、品茶区、宠物区等，只要是自己喜欢的，都可以划分出一块区域，这才是属于自己的露台花园。

图片来源：七月花园

总有一种风格适合你

中式风格

中式风格强调“师法自然”的生态理念，以自然风光为主体，将各种设计元素有机地融为一体，且注重文化积淀，一般通过植物、铺装、亭、廊、榭、叠石、水景等元素，打造色彩素雅、意境无穷的空间。需要注意的是，因为屋面楼板承重问题，最好采用仿石代替真石，仿石材质轻，可塑性强，形态多变，可达到真石所呈现出的视觉效果。

中式花园种植的多是形态优美且具有美好寓意的植物，如玉兰、桂花、海棠、芭蕉、山茶、牡丹、梅、竹、兰等，点景则用翠竹、石笋，小品多用石桌椅、观赏石，等等。

叠石水景

图片来源：弗罗拉的旧物园

日式风格

日式风格花园将造园与禅宗相结合，精巧细致，极富禅意和哲学意味，形成了“写意”的艺术风格。在日式花园中，石头、水、灯光、沙砾是必不可少的，如石灯笼、旧磨石、竹管流水等，地面除了植被外，就是各种卵石和碎石，常用的植物有日本红枫、山茶、杜鹃、竹子、苔藓、蕨类植物等。

真正极乐寺水琴窟
摄影：RyosukeHosoi

蹲踞与石灯笼

欧式风格

欧式风格花园由欧式古典园林发展而来，主要有英式花园、法式花园、意大利风格花园等不同类别。英式花园追求自然，在保持自然植物原本面貌的同时，尽量与周围的环境融为一体；法式与意大利风格花园有中轴线，左右两侧一般做对称设计。

欧式花园具有浪漫气息，通常将纪念雕像设置在花园中心。此外，小天使摆件、供小鸟戏水的盆形装饰物、古典装饰罐、红陶罐也常被运用到欧式花园中。欧式花园并非都是华丽的，也有素雅的小清新风格，目的在于提升人们的舒适感，使人在花园中得到放松。

设计师：刚性悬挂

美式风格

美式风格有别于其他西式风格所展现的华丽，它的自然朴实、纯真活力得到了更多人的推崇。美式风格在保持一定程度西方古典神韵的同时，形式上趋于随意、自然，具有简洁明快的特点。美式风格是自由主义的体现，它的空间规划不拘一格，注重在有限的空间里创造出一个自然淳朴、环境舒适的高品质景观空间。

设计公司：Lucas Studio, INC

现代风格

现代风格花园追求简洁干净，避免烦琐、过度的设计，这种设计理念适应快节奏的现代生活。花园的设计讲究实用性与功能性，对色彩、材料的要求较高，可以将原材料、色彩、设计元素尽可能简化，但同时也对质感有一个较高的要求，色彩一般以黑、白、灰等冷色调为主，灯光选择暖色调，装饰讲究造型比例，一般采用新型的材质，打造出简洁干净而又舒适实用的花园空间。装饰元素以简洁为主，一般摆放具有现代感、实用性强的桌椅，植物的选择也很精练，常用的植物有棕榈科植物、小叶女贞、彩叶草等。

设计师公司：上海苑筑景观设计有限公司

常用地面铺装材料的选择

露台花园在选择户外地面材质时，首先需要确定露台的风格，根据风格选择合适的材质，然后再来考虑它的美观度、施工难易、使用寿命、造价、后期维护等因素。

石材

石材种类繁多，是户外铺装中使用最广泛的铺装材料。其耐磨性好且易打理，给人一种返璞归真、清新自然的感觉，可以搭配鹅卵石一起铺贴，也可以在石板间隙种草，或在草坪上铺石材，石材与草坪搭配，能减弱石材冷硬的感觉。天然石板的种类很丰富，常见的有裂纹石板地面、燧石地面、青石板地面、碎拼石块地面等，价格在几十至几百元一平方米，丰俭由人，但石材较重，考虑到屋面楼板承重，不适合大面积铺贴。

设计公司：春秋师造建筑园林设计有限公司

在石板之间铺设鹅卵石

鹅卵石

鹅卵石形态自然，颗粒小、色彩丰富且价格低廉，作为一种点缀性的铺地材料，常以镶嵌式的设计铺设在石板、踏脚石或其他硬质材料之间。

砾石

砾石具有较强的排水性，价格低廉，在中式风格和日式风格花园中运用非常广泛。砾石是松动的，踩上去非常柔软，且可以有效抑制杂草的生长。

摄影：masahiko nishida

砖瓦

砖瓦的优点是色彩丰富，大小、形状统一，容易铺出花样，且价格便宜，雨天不积水。红砖铺地搭配绿色植物有一种复古的韵味，青砖瓦片则有一种宁静素雅的禅意。但砖瓦类材质硬度低，撞击或挤压易碎，且表面多孔，易附着脏物难冲刷，建议根据露台的风格局部使用砖瓦铺设营造氛围。

图片来源：兰奕的花园

设计公司：上海东町景观设计工程有限公司

瓷砖或花砖

瓷砖价格适中、色彩丰富、款式多样，且极易维护打理。需要注意的是一定要选择防滑、耐磨的瓷砖，因为抛光砖既不防滑又会反射阳光，造成光污染。铺贴瓷砖时要有一定的坡度，才能排水通畅。

户外木地板

木材温润，十分有亲和力，无论是现代风格、古典风格，还是田园风格的露台都很适合铺设户外木地板，常用的有防腐木地板、炭化木地板、塑木地板等。防腐木每一到两年需涂刷木油来维护，塑木地板耐磨、防水、防虫、防腐，施工相对简单，易安装和拆卸，且易维护。

图片来源：Adam's Hanging Garden

露台防水攻略

露台的防水处理是打造露台花园的重中之重，如果露台整体都需要做基础防水，最好请专业的防水师傅或者防水公司来处理，否则一旦发生漏水，就要将花园全部拆除，重新做防水处理，费钱又费力。如果建筑开发商已做好基础防水，在做花池或地栽植物前可以按照以下步骤进行防水处理：

第一步，铺阻根板，防止植物根系破坏楼板基层；

第二步，铺蓄排水板，既支撑排水通道，又可蓄水；

第三步，铺土工布，防止泥土渗下去堵住排水口；

第四步，铺设陶粒，透水透气，预防植物烂根；

第五步，填埋种植土；

第六步，种植植物。

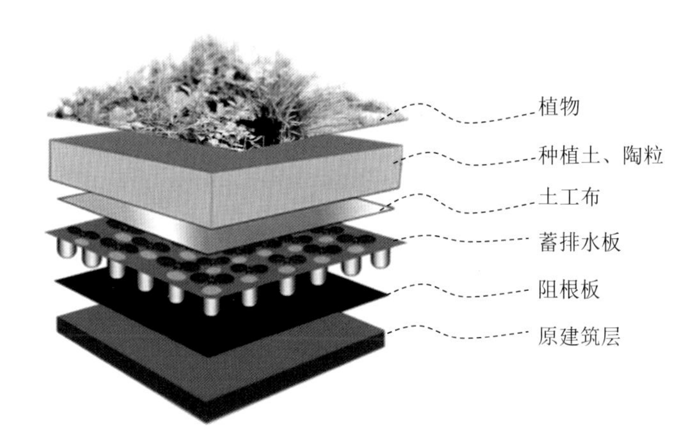

TIPS

如何打造低维护露台花园？

——波叔

低维护露台花园，可以让你花更少的时间去打理花园杂务，从而有更多的时间享受花园本身带来的惬意生活。

1. 选择适合你所在地区的植物

找到适合的植物可能需要不断地尝试，但从长远来看，它可能是比较省时且省钱的。选择在你所在地区或类似的气候地区自然生长的植物，只需要很少的照顾就可以茁壮成长。

2. 舍弃草坪或减少草坪面积

减少草地面积意味着花更少的时间割草、施肥、除草和再种植，如果你实在喜欢草坪，可以考虑减少草坪的面积，这样打理起来更轻松一些。

3. 设置户外功能区

延伸你的生活空间，在户外设置用餐区、休息区、SPA 区，搭配篝火、地台、桌椅、风灯等，分割花园空间，在阳光明媚的日子里小酌一杯……这些聚会空间会吸引你更多地到户外享受花园生活，相比直接种植植物更少维护。

4. 将一年生的季节性草花换成多年生木本植物

一年生的草花是需要花大量时间去维护的，如果想花开不断就要随着季节的转换来更换应季的草花，可以考虑适当地缩小草花种植面积，改种只需要定期修剪、牵引、换盆的多年生木本植物，大部分多年生木本植物在生命力方面比草花更出色。

5. 选择一个简单的小水景

一个大型水景的维护是需要做很多工作的，它让一切显得凌乱，而且还会有噪声，引起邻居的不快。所以，要想做到低维护，何不选择一个简洁易清理的水景设计呢？例如，把一个石头盆灌满水，看鸟儿享受一杯“饮料”，或者制作一个简单的循环喷泉来放松心情。

6. 选择高质、高效的园艺工具

例如，在花园里安装一套自动浇水设备，或是购买优质的园艺工具，条件允许的话还要为你的花园工具找个家，比如铁锹、铲子、水管等，放在一个固定的地方，易寻找、易放置。

7. 创造一个放松的地方

如果你想花更多的时间享受露台花园带来的美好，不要忘了使它成为让大家放松的地方。挂一个吊床，在树荫下放一把椅子，或者在露台上随意摆放一张户外地毯，然后坐下来享受慢时光。

第 2 章

巧妙利用造园工具

园艺工具包括手套、铲子、耙子、园艺剪刀、水壶、水枪、小推车等。一套好用、安全的园艺工具可使培土、播种、打理植物花卉的过程变得更加简单，对于露台园丁来说也是必不可少的，若是高颜值的园艺工具，更能为花园加分。这么多的园艺工具需要合理收纳，可以根据工具的数量和露台花园的空间大小，购买工具箱或者打造工具墙、工具房等。

园艺手套

用于保护双手，有防水、防污、防刺等作用。植物上盆、拌土、施肥、喷药等都要用到。如果植物没有刺，也可用塑胶手套或一次性手套代替。

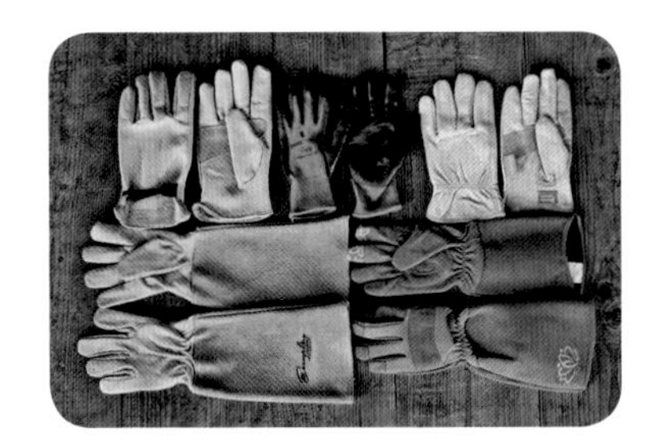

园艺铲

可用于翻土除草、换盆移栽等种植维护工作，通常与锄、耙组合成三件套。露台花园空间较大，可以根据需求选择不同规格的园艺铲。

园艺剪

主要用于花木整形、修剪徒长和病虫害枝条等。园艺剪大致分为修枝剪、粗枝剪、园艺大剪刀、高空剪等几种。不同种类的园艺剪适用范围不同，可购买套装或者根据实际需求单独购买。

浇水工具

水壶。主要用于给植物浇水、施液体肥或稀释药剂灌根杀虫。

软管园艺水枪。浇灌方便快捷，能通过调节喷头浇灌高处的植物。

喷壶、背包喷雾器。主要用于加湿空气和喷药、施叶面肥。喷壶适合较小的植株或者局部喷洒，背包喷雾器适合给大型植株或者大面积的喷肥施药。

工具墙

如何在小空间内最大限度地将露台花园工具收纳得既整齐美观，又方便取用，是我们需要考虑和解决的问题。如果空间小，不允许占据太多的地面空间，可以向墙面延伸，在墙上安装木板，利用钉子或者挂钩解决墙面上的挂置需求。在打钉子之前，最好根据工具的类型、大小提前规划，确定不同工具放置的区域，以最大限度地利用墙面空间。

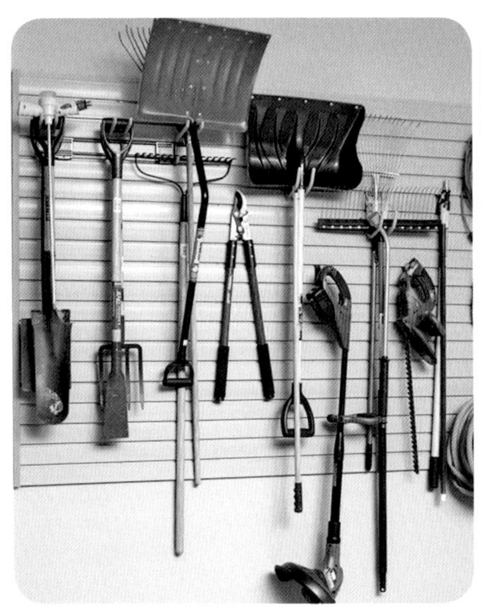

工具房

工具房可以储放一些消耗品和打理露台花园所需的工具，如备用的花盆、花肥、营养土、园艺剪、铁锹、锄头、喷雾器、水枪、割草机等，让空间看起来更加整洁。在购买或者 DIY 工具房时，不能只考虑实用性，还要考虑其美观性，让工具房成为露台花园的一个小景观。不同材质、色彩、造型的工具房往往会带来不同的视觉效果，自然的原木色、复古的灰色、与环境融为一体的绿色和带有法式风情的白色、蓝色都是比较受欢迎的。

第3章

一分耕耘，一分收获

受环境和面积的制约，在露台上种植植物，承重、覆土、排水都是设计之时需要重点考量的问题，当然，植物的选择搭配也不例外。

首先，露台上不宜选择高大的乔木，乔木高、冠幅大、根系深，露台上没有足够的空间，而造型美观的修剪小乔木和常绿灌木则可适当选择，作为背景骨架。其次，一些开花的、具有攀援功能的植物是首选，比如月季、龙吐珠、铁线莲等，可以根据露台的实际需要和个人喜好进行选择。另外，不同植物的开花季节不同，要想打造露台的四季之美，也需要根据植物的生长习性和色彩进行合理搭配。

人气植物选择

月季

花语

吉祥、富贵、幸福

花期

连续开花

特性

月季具有姣好的花容、绚丽的色彩、宜人的芳香、连续开花的习性，享有“花中皇后”的美誉。其花朵形态各异，色彩千变万化，深受园艺人士的喜爱。

养护要点

（1）性喜温暖、日照充足、空气流通的环境，否则容易开花不良。

（2）浇水有讲究，要做到“见干见湿，不干不浇，浇则浇透”。

（3）月季花喜肥，生长期要勤施肥。

三角梅

花语

红红火火

花期

因品种而异，全年均能见花

特性

满树皆花，十分耀眼，华南、西南地区常做花篱、棚架植物形成立体花卉景观，北方一般做盆花欣赏。注意茎枝上的尖刺。

养护要点

（1）喜阳植物，不耐阴，要摆放在光线充足、通风良好的位置。

（2）平时浇水要掌握“不干不浇，浇则要透”的原则。想要开花整齐、多花，在开花前必须进行控水。

（3）施肥要适时、适量，合理使用。

多肉

花语

可爱、风情满满

花期

开花不多

特性

多肉植物也叫多水植物、肉质植物，种类繁多，形态奇特，有叶多肉、根多肉、茎多肉及全多肉四类，能够展示出浓郁的异国情调。其适应、繁殖能力很强，很受园艺爱好者们的欢迎。

养护要点

（1）喜充足光照，阳光可使多肉植物变得健壮，染上虫害的可能性也会更小。

（2）采用“见干见湿”方法浇水，有利植物健壮生长。

（3）一般施肥都选择在生长期和花期进行，半月 1 次。

草莓

花语

勇气、幸福

果期

6~7 月

特性

被誉为“水果皇后”，兼具“高颜值”与“深内涵”的双重魅力，含有多种营养物质，且有保健功效。圆形小花呈白色。

养护要点

（1）喜光植物，有较强耐阴性。

（2）浇水要使土壤经常保持湿润状态，以利成活。

（3）需肥较多，除要施足基肥外，还要适时补充肥料。

花语

幸福、圆满

花期

6~8 月

特性

品种丰富，开花时节花团锦簇，数十朵聚成球状，其色或蓝或红，妩媚动人，令人悦目怡神。群植或单株栽植，观赏价值均高。

养护要点

（1）喜半阴，不耐强光照射，喜温暖气候。

（2）盆土常保湿润，但要防止雨后积水。

（3）服盆后可施一两次稀薄液肥，花前、花后各施一两次追肥，以促使叶绿花繁。

花语

渴望被爱、追求爱

花期

夏季

特性

球根花卉，叶子肥厚亮泽，花朵鲜艳夺目，搭配起来非常好看，放在露台是很好的选择。水养的朱顶红会在水盆中长出洁白的根须，映衬在绿叶红花之中，分外养眼。

养护要点

（1）不喜酷热，不耐强光，冬季休眠期可冷凉干燥。

（2）浇水要透，但忌水分过多、排水不良。

（3）喜肥，上盆后每月施磷钾肥 1 次，原则是薄施勤施，以促进花芽分化和开花。

毛地黄

花语

热爱、喜欢

花期

5~6 月

特性

花管状，白色或紫色，有斑点，适于盆栽，也可作自然式花卉布置。人工栽培品种有白色、粉色和深红色等。

养护要点

（1）喜阴植物，适宜湿润而排水良好的土壤。
（2）幼苗要注意及时浇水，定植后也要立即浇水，促使缓苗。
（3）需肥量较大，喜欢液态氮肥。

向日葵

花语

光辉、对梦想的热爱

花期

7~9 月

特性

向日葵又名朝阳花，因花盘随太阳转动而得名，可食用和观赏。其花色亮丽，纯朴自然，极为壮观，深受大家喜爱。

养护要点

（1）喜阳光充足，有很强的向光性。对温度的适应性较强。
（2）耗水较多，需经常浇水。
（3）追肥以氮素化肥为主，配合一定量的钾肥。

天竺葵

花语

决心、真爱

花期

初冬至初夏

特性

多年生草本花卉，花色有白、粉红、红、橙红、深红等。天竺葵株型好，叶密色绿，花朵鲜艳夺目，充满喜庆热烈、欣欣向荣的气氛，观赏价值很高。

养护要点

（1）喜阳光充足，日照不足时不开花。温度要控制，太冷、太热都不好。

（2）每次浇水要量大，保证浇透，但忌水过多，容易造成根部溃烂。

（3）施肥过多会造成脱水，且不开花。

酢浆草

花语

爱国、璀璨

花期

2~9月

特性

形态矮小紧凑，品种多样，花色琳琅满目，花朵日开夜合、晴开雨合。由于酢浆草低矮，生长快，开花时间长，花开时节十分壮观。

养护要点

（1）喜温暖且阳光充足的生长环境，有本能的向阳性。

（2）适用于“潮而不湿”的浇水原则，以不产生积水为宜。

（3）比较消耗肥力，生长期需要补充氮肥。施肥原则为“薄肥勤施”。

荷花

花语

高尚、纯洁

花期

6~9 月

特性

荷花中通外直，花大色艳，出淤泥而不染，迎骄阳而不惧，为文人墨客所喜爱，是深受人们喜爱的优秀花卉之一。

养护要点

（1）喜全日照，不耐阴，不耐寒。阳光不足荷花只长叶不开花。
（2）水生植物，家庭适合缸栽和水养。
（3）叶片出现黄瘦现象时注意施肥，开花期最好每周追施 1 次液体肥料。

郁金香

花语

神圣、幸福

花期

4~5 月

特性

花单朵顶生，大型而艳丽，花色变化多端，高雅脱俗，百看不厌，深受人们喜爱，被誉为“世界花后”。

养护要点

（1）属长日照花卉，要求冬季温暖湿润、夏季凉爽干燥。
（2）栽培过程中忌灌水过量，开花时水分不能多，浇水应“少量多次”为好。
（3）生长旺季每月施 3~4 次氮磷钾复合肥，花期要停止施肥。

洋水仙

花语

生命之火

花期

3~4 月

特性

球根花卉。其顶生花朵硕大，鲜黄亮丽，是一种极具观赏价值的植物。它的花朵要比水仙大很多，而且颜色更加多变和艳丽，但几乎没有香气。

养护要点

（1）喜温暖、湿润和阳光充足的环境，对温度的适应性较强。

（2）土干后浇水，生长期保证充足水分，浇水不及时会影响花根生长。

（3）比较喜肥，生长期约半个月施 1 次磷酸二氢钾溶液，休眠期不用施肥。

葡萄风信子

花语

浪漫、忧郁与深情

花期

3~5 月

特性

葡萄风信子在花园中最夺人眼球的是其纯真的蓝色，可以成片密植，观赏效果非常好，开花时间较长，绿叶期也较长，被誉为“西洋水仙”。

养护要点

（1）性喜温暖、凉爽气候，喜光亦耐阴，抗寒性也强。

（2）浇水量少，但不要让土壤干涸。

（3）由于鳞茎球内储存有充足的养分，栽培中一般不必另外施肥。

百合花

花语

心心相印、百年好合

花期

4~7 月

特性

百合花素有“云裳仙子”之称，外表高雅纯洁。目前栽培的多为杂交品种，有香水百合、火百合等，花色有白、黄、粉、红等多种。其香气浓郁，常用作新娘捧花。

养护要点

（1）喜温暖湿润和阳光充足的环境，也较耐寒。

（2）花期供水要充足，花后应减少水分。

（3）生长期内施肥 1~2 次，追肥用氮肥。

风车茉莉

花语

品德高尚、幸福吉祥

花期

5~6 月

特性

花朵很有特点，长得像风车的扇片，又像佛教的“卍”字，开花时一眼便能认出，花香也很浓郁，比较好养，但要注意汁液有毒。

养护要点

（1）适合在半阳半阴环境下生长，每天不少于 4 小时的散射光。

（2）喜欢潮湿的生长环境，浇到土彻底湿润就可以。

（3）喜肥，生长期可多使用养料，促进枝叶生长。

炮仗花

花语

喜庆、安康

花期

冬季至春季

特性

株形攀援，枝蔓细长，覆盖面积大，主要用于栏杆、花架等处的绿化美化。开花多，生长快，花期又长，犹如一串串鞭炮，为环境增添喜庆色彩。

养护要点

（1）喜向阳、温暖和通风环境。

（2）浇水要“见干见湿”，切忌盆内积水。

（3）肥水要足，生长期间每月需施1次追肥。

空气凤梨

花语

完美无缺

花期

秋末或早春

特性

因其生长不需泥土，直接在空气中生长即可，且管理方便、洁净美观、节省空间并具有净化空气的功效，特别符合现代家居生活理念，为人们所喜爱。

养护要点

（1）一般而言，每天8小时的散射光可以满足生长需求。

（2）喜欢较高空气湿度，湿度不够时需补充浇水。“南方喷雾、北方泡水”的方式较为适合。

（3）可使用专用肥，施肥以少量多次为原则。

鼠尾草

花语

热爱家庭

花期

6~9 月

特性

作为薰衣草的双胞胎，鼠尾草的花朵是穗状的，比较像老鼠的尾巴，故而得名。它的花是蓝色和紫色的，观赏价值很高，能营造幽静的感觉。鼠尾草是香草植物，可凉拌食用，茎叶和花可泡茶饮用。

养护要点

（1）适应性强。喜温暖、光照充足、通风良好的环境。
（2）生长期间要勤浇水，使土壤保持湿润。但不要有积水。
（3）生长期每半月施肥 1 次。

葡萄

花语

人丁兴旺

果期

8~9 月

特性

葡萄味道酸甜，家庭种植常用来当水果食用，可生食，也可制成葡萄干，还可酿酒。作为木质藤本植物，适合做棚架美化。

养护要点

（1）要有一定强度的光照，但太强较易发生日灼病。
（2）生长期需水量较多，浇水要勤。
（3）需肥量大。葡萄生长旺盛，结果量大，对土壤养分的需求较多。

无花果

花语

丰富

果期

7~10 月

特性

为落叶灌木或小乔木，全株具乳汁。果实味甜可生食或做果干，也供庭园观赏。其果形似馒头，南方多称为“木馒头”，宋代始称“无花果”，谓其无花而实。

养护要点

（1）喜光树种，喜欢温暖湿润、阳光充足的生长环境。

（2）比较耐旱，但不耐涝，要注意浇水量的控制。

（3）生长期需要追肥 5 次左右，以氮磷钾肥为主，钙肥、镁肥也需要补充。

雏菊

花语

素雅、高洁

花期

3~6 月

特性

雏菊又叫玛格丽特，花朵小巧玲珑，色彩明媚素净，具有君子的风度和天真烂漫的风采。其花期长，耐寒能力强，是早春地被花卉的首选。

养护要点

（1）喜光，耐半阴，喜冷凉气候。

（2）在浇水前应让介质稍干，湿润但不能潮湿。

（3）喜肥沃土壤，每隔 7~10 天追肥 1 次，可用花卉肥，也可用复合肥。

大花牵牛

花语

顽强，爱情永固

花期

6~8 月

特性

也叫喇叭花，为草本缠绕性植物，适应性强，容易栽培。大花牵牛清晨开放，花大色艳，是夏秋季重要的蔓性花卉。其花色丰富，有白、粉、红、蓝紫、紫红等色，别有风趣。

养护要点

（1）阳性植物，稍耐半阴，喜温暖气候。
（2）叶子打蔫时浇水，南方比北方浇得多，水量以浇透为原则。
（3）注意肥料的浓度，要薄肥勤施，一般半月或 1 个月施加 1 次。

三色堇

花语

灵动可爱、灿烂多彩

花期

4~7 月

特性

三色堇是欧洲常见的野花物种，是冰岛、波兰的国花，通常每花有紫、白、黄三色，故名三色堇。近似种角堇，花形比三色堇小些，浅色多，中间无深色圆点，只有猫胡须一样的黑色直线。

养护要点

（1）较耐寒，喜阳光，开花受光照影响较大。
（2）生长期保持土壤湿润，冬天应偏干，每次浇水要“见干见湿”。
（3）宜薄肥勤施。

木槿

花语

生生不息

花期

7~10月

特性

粗生易长，枝繁叶茂，有较好的观赏性，对环境适应能力强，尤其是重瓣大花木槿，开花时花朵满树，娇艳夺目，可作为花篱、绿篱使用。

养护要点

（1）喜光，耐旱，也稍耐阴，耐寒能力较强。

（2）开花期遇干旱要注意浇水，避免土壤过度贫瘠。

（3）每2周施1次复合肥，少量多次进行。

蔷薇

花语

爱情

花期

4~9月

特性

人们通常所说的蔷薇，是这类花的通称。蔷薇花色丰富，花朵有大有小，但都簇生于梢头。蔷薇的栽培与月季有许多相似之处，但它比月季管理粗放。

养护要点

（1）阳性花卉，喜阳光，亦耐半阴，较耐寒，在中国北方大部分地区都能露地越冬。

（2）喜湿润但怕湿忌涝，要控制浇水量。

（3）喜肥，需按薄肥勤施的原则，供给养料。

花语

高冷

花期

7~9 月

特性

蓝雪花叶色浓绿，花色淡蓝，明明是冷色调配冷色调的搭配，却出奇的和谐，给人一种“本是如此”的感觉。其观赏期长，花色淡雅，给炎热的夏季带来阵阵凉意。

养护要点

（1）具有喜光照、耐高热的天性，不管是户内还是户外都能生长良好。

（2）日常保持介质表面干燥，浇水时注意浇透。

（3）每周至少施 1 次全元素复合肥。

花语

大吉大利

花期

6~12 月

特性

大丽花被称为世界名花之一，主要是因为它的花期长、花径大、花朵多、色彩瑰丽。其种植难度小、片植效果好，一般家庭都可以栽种。

养护要点

（1）喜半阴，接受散射光即可。

（2）既不耐干旱，也不耐水涝，通常在土壤干透后浇透，但不要有积水。

（3）要薄肥勤施，生长期通常施 4~5 次就可以了，开花前补充一点磷钾肥促花。

花语

高洁优雅

花期

6~9 月

特性

株形丰满美观，有“藤本皇后”的美称，花期长，花不但大而且还多，最适合种植在拱门、凉亭上，或者攀爬在格架等装饰上，经过造型设计和精心修剪，展现不一般的美。

养护要点

（1）喜光照，生命力顽强，不怕寒冷。

（2）等土壤表面干燥了再浇水，一定要浇透，也可将花盆直接浸入水中。

（3）遵循薄肥勤施的原则，花期前追加适当的磷钾肥，会使花开得更好，花期更长。

花语

聪明可爱

花期

5~6 月

特性

大花葱具葱味，很少得病虫害，管理上非常省心。其花色鲜艳，球形花丰满别致，具较高的观赏价值。与其他多年生草本植物搭配，次第开放，相辅相成，使花境或草坪拥有一种华丽感和神秘感。

养护要点

（1）喜冷凉、阳光充足的环境，适合北方地区栽培。

（2）不耐涝，浇水保证盆土湿润就可以了，要宁干勿湿。

（3）生长期每半月施 1 次稀薄的复合肥，保证营养均衡。

风铃草

花语

知恩图报

花期

4~5 月

特性

风铃草有很多种颜色，红色、紫色、白色都有，是常见的冬、春季草花。其花朵为钟状，似风铃，花色多样且明亮素雅，在欧洲十分盛行。

养护要点

（1）喜光照充足的环境，可耐半阴。

（2）浇水时要“见干见湿”，浇则浇透，但不要使盆内积水。

（3）植株需肥量中等。

蕨类植物

花语

纯净素雅

花期

无

特性

蕨类植物种类很多，外形也各不相同，它们颜色翠绿，看起来充满生机，家庭常见种植的有肾蕨、钱线蕨和鹿角蕨等。蕨类植物没有花朵的艳丽，但并不单调，反而有一种简单的美。

养护要点

（1）放在光线明亮处即可，抽芽期做好遮阴准备。

（2）喜湿不耐旱，生长旺盛期要每天浇水，或在叶面上喷水。

（3）生长期追加氮磷钾液肥，对植株生长较为重要。

耧斗菜

花语

坚持就是胜利

花期

春末夏初

特性

耧斗菜也称“猫爪花”，花形非常优雅，像猫爪子一样可爱，属多年生草本花卉。该花娇小玲珑，花色明快，适应性强，比较适合在北方栽种。

养护要点

（1）不喜高温和暴晒，适宜冷凉环境，耐半阴。
（2）遵循宁干勿湿的浇水原则，每月浇水 4~5 次。
（3）除了基质中的基肥外，每月施肥 1 次即可。

仙人掌

花语

坚强

花期

3~5 月

特性

仙人掌是具有独特姿色的一类植物，观赏价值非常高。其种类繁多，形态各异，容易栽培，深受人们喜爱。它在夜间能吸收二氧化碳，释放氧气，有利于睡眠，还有吸收电磁辐射、净化空气的作用。

养护要点

（1）喜阳光、温暖，怕寒冷。
（2）耐旱，浇水宜少不宜多，忌盆内积水，保持半湿即可。
（3）生长季节要给予适当的施肥，每 10~15 天 1 次，其他季节减少施肥频率。

大花芙蓉葵

花语

早熟

花期

7~10 月

特性

比脸还大的花朵，仿佛有种当年拿 A4 纸与腰比细的影子。其花期超长，充分体现出“花有百日红”的特色。花色还特别丰富，从纯白色到深玫红色都有。早上花的颜色是白色或粉红色，一到午后就变成了大红色，相当惊艳。

养护要点

（1）全日照下生长良好，在遮阴处生长不良。

（2）注意及时浇水，保持土壤湿润，避免过于干旱。

（3）对肥料的需求不多，生长旺盛期注意进行以磷钾肥为主的施肥。

紫珠

花语

聪明

花期

6~7 月

特性

果实的颜色是紫色的，非常明亮，色彩特别迷人，如一串串紫色的珍珠悬挂在枝叶间，特别好看。在秋天各种灌木都结红果的季节，它的紫色分外醒目。

养护要点

（1）阴凉环境生长较好，但光照也必不可少。

（2）属于浅根性植物，盆栽不耐涝，注意控制水量，不干不浇，浇就浇透。

（3）喜肥，生长期每隔 20 天施 1 次肥，平时两个月施 1 次稀释的饼肥液。

报春花

花语

初恋

花期

2~5 月

特性

报春花比较耐寒，于早春开花，预示着春天的到来。其花色丰富，花期长，低矮如野草，小巧可爱，弥补了冬天大部分植物不开花的特征。

养护要点

（1）喜阳光，但忌强烈阳光暴晒，喜温暖。

（2）喜湿润环境，但不宜浇水过多，会沤烂根部，需控制浇水次数。

（3）生长旺盛期加强肥水管理，每 7~10 天追施 1 次腐熟的稀薄饼肥液。

铃兰

花语

幸福归来

花期

5~6 月

特性

铃兰植株矮小，芳香宜人，入秋时红果娇艳，十分诱人。其花朵颜色为白色，向下绽开，造型别致好看，还会散发出淡淡的香气，非常具有观赏性。注意植株有毒。

养护要点

（1）喜半阴、湿润环境，忌炎热干燥，耐严寒。

（2）忌干旱，对水分的要求很高，需要随时保持盆土湿润，但也不能浇水过量。

（3）基本上每隔半个月追施 1 次磷钾肥。

金鱼草

花语

钱财有余

花期

6~7 月，9~10 月

特性

金鱼草易成活，非常好养，体型不大不小，“不娇气”的性格特点是其广受欢迎的原因。它花形较小，但花色丰富，常见的有粉色、红色、紫色、白色，观赏价值极高。

养护要点

（1）喜阳光，也耐半阴，较耐寒，不耐热。
（2）对水分比较敏感，没有固定频率，不让土壤太干就行。
（3）生长期每半个月追施 1 次液肥，开花期停止施肥。

穗花婆婆纳

花语

健康

花期

7~8 月

特性

一种观赏性不错的草本花卉，品种丰富，花通常是白色、紫色、粉色或蓝色。它的花期很长，适合作为院子里的观赏植物，是很好的线条形花材。

养护要点

（1）喜光，耐半阴，属长日照植物，耐寒性强。
（2）生长期要保持盆土湿润而不干，冬季需节制浇水。
（3）对肥料的要求不高，一般在春季施氮钾肥即可。

与褐褐花儿的病虫害说“NO”！

①白粉病。叶片的表面出现白色粉状霉层，严重时整个叶片、新梢布满白色粉状物。早期摘除病叶即可，发病期可喷施退菌特、波美度石硫合剂。

②枯枝病。在枝干出现溃疡病斑，病斑最初为小斑点，中心变为浅褐色至整个枝干。可剪除病枯枝，喷百菌清、多菌灵。

③炭疽病。在花卉病害中，炭疽病的发病率是很高的，危害也比较重。大多数炭疽病菌都危害叶片，是一种最常见的叶部病害。

④蚧壳虫。危害叶片、枝条或果实。发病初期及时喷施杀虫剂，如国光蚧必治、毒死蜱等。

⑤蚜虫。蚜虫可使枝叶变形、生长缓慢且停滞，甚至落叶枯死，易诱发煤污病。园艺中常喷施 40 % 氧化乐果、10% 吡虫啉可湿性粉剂、毒死蜱等。

⑥红蜘蛛。红蜘蛛易使叶片失绿、叶缘向上翻卷，以致焦枯、脱落，造成花蕾早期萎缩，严重时植株死亡。园艺中常加强施肥，施用氧化乐果、石硫合剂或利用天敌瓢虫等方法防治。

第4章

装扮你的露台

除了种植花草，露台上还可以摆放一些物品进行装饰美化，比如沙发、吊床、杂货摆件、花盆雕塑等。作为一种半开放式的花园，它是室内空间的户外延伸，是室内通往室外的过渡区域。一些在家居空间内伸展不开的休闲饰品，可以搬至露台，但要注意饰品的格调要与室内的装饰格调保持协调。

家具

露台属于半户外空间，相对于户外空间来说，家具的选择在格调上会有园主自己的特色。一些曲线柔和、别致的家具造型，搭配细腻的藤编工艺，能够提升空间的质感，彰显园主的品位。

对于想选择布艺家具的园主来说，不能简单以室内的家具来替代，特别是材质面料方面，应该选择专业的户外家具产品，保证使用的舒适性和产品的使用寿命。

图片来源：胡大人的花园

图片来源：妖精花园

花盆、花架

花盆

在自家的花园建设中，要想有颜值，选择与植物匹配的花盆很重要。选择花盆时，不仅要考虑形状、比例，还要考虑花盆本身的特点和所种植物的习性是否协调，这样两者才能合二为一，为露台景观添砖加瓦。

图片来源：妖精花园

图片来源：妖精花园

花架

花架一般比较通透和虚空，如果露台面积够大，体量可以大些，甚至里面还可以放置一些桌椅座凳，这样可以增加花架的实用性，成为工作之余静心、小酌的优雅之所。而面积小的花架，主要是为了方便植物的攀爬，营造景观的层次感。

图片来源：荷塘月色的花园

图片来源：了了的花园

秋千或吊椅

对于露台面积较大的家庭来说，设置一个秋千或吊椅能增添不少乐趣，工作之余，来荡荡坐坐，可以适当舒缓压力。特别是有小孩子的家庭，类似于给他们提供了一个与大自然接触的玩具，也有利于亲子关系的建立。

双人吊椅

鸟巢吊椅

杂货摆件

杂货摆件是花园里不可或缺的装饰品，既丰富我们的露台空间，又能为花花草草提供装饰背景。摆件的形式多样，无论什么样的小品，雕塑、水罐、花瓶……林林总总，都能在花园里找到摆放它的位置，只要放置得当并与周围景物相配就行。

图片来源：Serena 的花园

图片来源：弗罗拉的旧物园

图片来源：Aangele 的杂货阳台小花园

第5章

我的露台我打造

六叔的低维护露台花园

合园

波叔的露台花园

冬虫的花园

荷塘月色的花园

大姚的露台花园

茗妈花园

微语的花园

七月花园

嗯嗯花园，爱的陪伴

六叔的低维护露台花园

▲坐标：江苏苏州

▲面积：四楼 40 ㎡，五楼 40 ㎡

▲设计者：六叔

特色植物配置

陕西羽叶报春花

枫树『茜』

枫树『橙之梦』

藤本月季『胭脂扣』

欧亚槭

四照花

郁金香

常绿大戟

如果说希望是太阳，那么园艺在我心中就是一道光，像块大磁铁一样吸引着我不断地去追求，莳花弄草，静享花园时光，我的露台花园坐落于秀丽江南——苏州，分为四楼和五楼，四楼整体面积约 40 平方米，其中花园休闲区 20 平方米，培育区 20 平方米，五楼露台 40 平方米。

春雨洗礼后，阳光洒在金色的枫叶上，空气中弥漫着潮湿清甜的芳香，花园主树之一“橙之梦”显得格外引人注目。

花园和万物生灵一样，骨架与灵魂并存。骨架撑起了花园的空间，灵魂赋予花园的灵性。骨架就是一些比较高的树，能拔出高度。橙之梦作为四楼的“骨架”，如果去掉，花园整体就会缺失高低错落感。楼梯口摆放着一棵油橄榄棒棒糖，远处一棵黄金香柳，三棵主树形成一个骨架组合。

通往五楼楼梯口前的空地，放置着一个多层操作台，不仅可以摆上我的“新欢”，也同样增加了花园的层次感。盆栽开花时，也为花园的色彩增加一分活跃。这是一个不会寂寞的空间，最美的盆栽都摆放于此。需要特别介绍的是陕西羽叶报春花，花期很长，从冬季可以开到翌年四月底，喜阴凉，南方夏季需要遮阴，安全度过夏天后，来年花量更加强大。

在整个休闲区的布置中，我只用了一个做旧花箱。花箱里的植物配置以绣球为主，大约有6～7个品种，还配有两棵颜色不同的杜鹃，其他都是微盆栽。冰丝苔草、金叶石菖蒲、铁筷子、角堇围在花箱边缘，虽然小巧，却也深深惹人怜爱。

右边是楼梯间，设置了洗手池和一面小小的工具墙。即使空间再小，只要合理利用，也能发挥大大的作用。

绣球和杜鹃的高度适中，可作为中景植物。此处相对较阴凉，夏天不会暴晒。绣球直立性优秀，作为前景植物，加上玉簪和矾根这些再普通不过的植物，却形成了露台花园的美妙景色。

受拥有 1200 种月季的巴黎小事公园（Parc de Bagatelle）的启发，搭建了这座复古主义色彩的月季拱门，天堂和龙沙宝石依附着拱门努力攀缘而上，五月初便会绽放，花香四溢也增添了花园的浪漫气息。

你曾仰望过天空吗？四楼向上望去，爬出栅栏的藤本月季“胭脂扣”像个孩子似的，趴在墙上向我招手。你曾触摸过风的丝柔吗？一簇簇淡紫色的花串，感受着微风的轻抚。停驻时，常把自己静置于那淡淡的紫色之中，心绪也随着空气的清香氤氲慢慢变得恬静安宁。

这是一方被我称为“寻常境界”的小天地。现代感的玻璃顶承重力有限，所以选择用铁制骨架和木箱组合来打造培育区。一些需要格外呵护的花草，会临时在这里“度假”，恢复状态后，便回花园主区继续“工作”。

闲暇时光，更遇落花纷飞，小坐于此，小园美景长留于目中。楼梯扶栏，爬满了法国香水和金银花。

对于主花园的热爱无非是它宽阔的视野及郁郁葱葱的花草树木，还有那闲逸的生活气息，生机勃勃中又给人一种苍茫感，思绪飞扬。

由于露台种植难度大，加之工作繁忙，露台上主要以一些耐寒、耐晒且中等维护的植物为主，采用枫树、樱花以及蓝冰柏等柏树类为主体的植物结构。

顺梯而上，前面就进入石板路，左右两边的花池种满了植物，品种繁多兼顾四季不同花期，也会在萧条时期穿插一些球根等应季植物“救急”。

路面采用不规则的石板和小碎石铺设，花池采用青砖围砌而成。墨色青砖既有江南园林特色，沉稳内敛也不会抢了花丛的风采。

低维护屋顶花园的植物选择是相当重要的，既要耐寒、耐晒，色彩的搭配也要层次分明。如风车茉莉棒棒糖、金叶醉鱼草等都在露台表现得很优秀。低维护花园的另一个理念，就是开完花的植物即使拔掉，也不会影响整体效果，像洋水仙、郁金香、毛地黄，我都是一丛一丛地种植，不会大面积使用。

“茜”是色彩变化最丰富的枫树之一，从初春的紫红色，一直到橙黄色，最后变为黄色。初春到五月，展示了它独特的“调色”本领，然而“茜”并不是耐晒的品种。

鹅黄中带有丝丝红晕，欧亚槭羞答答地长出了新叶：别看“我”娇羞，可是很耐寒。当然还有紫花槭，都是北方地区的品种，适合北方的花园种植。

花园配色除了可以同色系搭配，也可以发挥跳跃思维，撞色形成强烈的对比色也极为耐看。

沿着石子路转弯，在西侧尽头的花池里布置了一个水池。花池里有高大的垂枝樱、色彩斑斓的枫树、喜阴的绣球、杜鹃、大吴风草和一些错落有致的地被植物。

前景的玉簪、黑龙、银边细叶麦冬、花叶筋骨草，色彩丰富，姿态优美。

枫树“琴线”、小檗、郁金香、银边细叶麦冬，虽然是简单的组合，在周边的繁花中，显得格外清爽。插花的原则是点、线、面，花境搭配亦是如此，枫树“女精灵”，是我最爱的枫树品种之一，白色的郁金香也格外引人注目。低维护花园的概念就是郁金香谢了、拔了，花园也不会寂寞，因为旁边的足摺野路菊和蜜桃鼠尾草正蓄势待发。

春的气息，是风中振翅鸣叫的昆虫，是青翠的碧绿，是清晨曦光沾满露珠的花儿。童话般的梦幻“森林”引来隔壁小天使，给花园增添了天真灿烂的笑容。

转身回望，入口处有一棵藤本月季“胭脂扣”，正值盛花期，成簇开放，胭脂扣不仅花量惊人，花期也格外的长，比一般月季的花期长很多。

休息区是整个花园使用率最高的区域，偶有三五好友品茶、赏花。两米高的屏风用来遮风避雨，还能营造一个私密空间。蓝冰柏及日本柳杉像彬彬有礼的几位“书生”，在吟诗作赋。

屋顶露台也可以打造阴生植物区。垂枝樱像一把遗世而独立的“巨伞”把整个区域的强光遮挡住，西边的围墙上爬满了五叶地锦，两米高的墙头，遮挡了所有的西晒光。

水池操作台是整个花园的重中之重，所有的花园聚会准备工作都在这里进行。水池操作台构造简单，红砖加上大理石台面，下部用白色帘子遮丑，看上去却别有味道，平时摆上几盆花草，也是一道亮丽的风景线。

心有多宽，世界就有多大；自然有多大，山水境地有多大；心有山水，游之无边。每一个花园的灵魂，必然是园主赋予的。这里有五彩斑斓的春天，一枫一叶一繁花；这里有绿意葱茏的夏天，一山一水一壶砂；这里有秋风过耳，一风一雨一杯觥；这里有傲雪凌霜，一园一景一世间。清晨的阳光透过淡淡的云层，倾斜地照射在露珠上；夜幕降临坐看月朗星稀，偶有三五好友品茶、聊花；落雨时分，草色遥看近却无，别有一番风趣。春有百花秋有月，夏有凉风冬有雪，我是六叔，在属于我自己的花园里，四季流转……

植物表现是否优秀，和前期的基础工作是息息相关的，防水、排水、培土都非常重要。尤其需要注意的是花池不能太窄，至少做到1米的宽度，给植物留出足够的生长空间，否则无法达到最佳花境的效果。如果花池有1.3~1.5米宽，就可以做成3~4个层次的花境了。

合园

▲坐标：浙江杭州

▲面积：176 m^2

▲园主：daisy

扫码观看花园视频

特色植物配置

铁线莲『乌托邦』

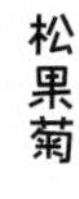

松果菊

原生郁金香

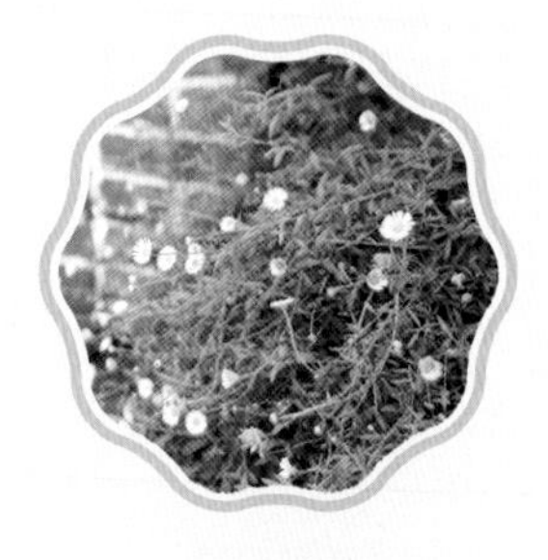

墨西哥飞蓬

藤本月季『莎莉福尔摩斯』

黄百合

球根鸢尾

藤本月季『蓝色阴雨』

合园的名字来源于花园的小主人“合姐”，她是个 3 岁的小姑娘，园子是送给她和家人的礼物。阳台种花多年，习惯了塞满每一寸地盘，面对 100 多平方米的露台，有种一夜暴富却不会挥霍的茫然。请教了广州的设计师朋友，凭着自己多年业余室内设计师的底子，造园之路正式开始。

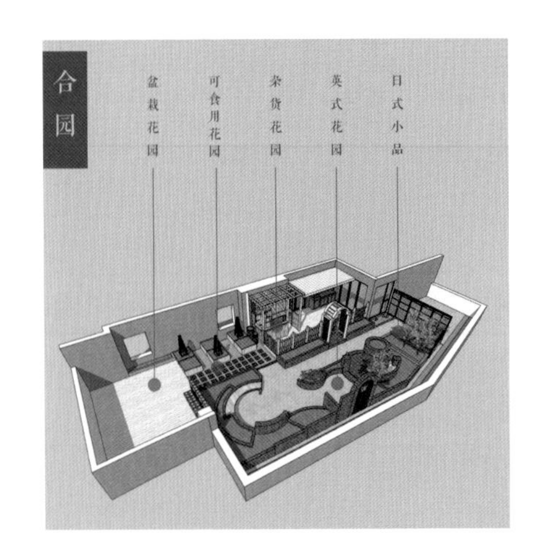

不知道想要什么风格，那就什么都要。英式、日式、杂货等各种风格、元素都集合到一起，受限于预算又做了减法，最后将露台划分为: 盆栽花园、可食用花园、杂货花园、红砖花园、日式水景，通过灰色材质（水泥、花岗岩、水洗石等）做了串联和过渡。

无数次的异地奔波，从每一块红砖的位置，到每一根防腐木的规格尺寸，硬质景观的铺装倾注了我无数的心血，最终的合园达到了预期的效果。

下车推行

如果说结构和硬质铺装是一个花园的容器，那植物才是这个花园的灵魂。虽然种花多年，但开始造园以后，才发现我那仅有的植物知识瞬间不够用了，乔木、灌木、草花、亚灌木……

在合园里，合姐才是真正的主人，招蜂引蝶、浇水拔草、荡秋千、堆沙堡、肆意奔跑，乐哉乐哉。

打理园子并不完全都是美好的事情，种 4 米多高的树，翻几千升的土，还有施肥、拔草、清理、除虫……在园丁眼里，花园是美，也是干不完的活，还是劳作后那片刻的安宁与欢愉。

都说造园十年，合园还只是个蹒跚学步的孩子，一年、两年，孩子慢慢长大，合园也会。愿合园的每一天向阳而生，春暖花开。

每个花园的诞生，都有其故事和背景，合园也是，它是一首作者写给家人的田园诗。在几番风雨、几番折腾后，合园也开始有了一个又一个模样，它的初春、盛夏，都是极美的。做园丁的辛苦不言而喻，想想将 4 米高的树种在露台上，几千升的土一袋袋搬上来……都是实实在在的辛苦劳动，但功夫不负有心人，花园渐渐呈现出了自己想要的样子：可爱的拱门、流畅的弧线、舒适的休闲区、各种绽放的花朵……这些惬意和欢愉让自己觉得所有走过的园艺辛苦之路都是值得而有意义的，都是内心安静的铺垫。

波叔的露台花园

▲坐标：江苏扬州

▲面积：约 25 ㎡

▲园主：波叔

扫码观看花园视频

特色植物配置

溲疏

三色堇

绣球

金光菊

百合

矾根

郁金香

铁线莲

搬入新居后，为了装扮好家里的露台，从一开始购买一些花花草草，到后来朝着打造一个属于自己的秘密花园的方向越走越远，慢慢地也就开始爱上园艺，然后一发而不可收！

根据几年来打造露台花园的经历，我觉得露台造园具体可以分以下三个步骤。

第一步：打造花园的基本框架，比如花园的功能分区要明确。从露台花园的平面分区入手，首先要明确哪些是花草区，哪些是休憩区。有空间的话还可以增加一些额外的功能区，如烧烤区、休闲区、健身区、SPA 区等。

CUT

从露台花园的立面分区入手，首先要明确哪些是藤本植物牵引区，哪些是杂货装饰区，哪些是草花点缀区。

第二步：在明确花园功能分区的基础上，就可以根据分区选择花园的主景植物了。藤本植物牵引区可选择种植一棵到两棵藤本月季，搭配一些绣球和铁线莲。在草花点缀区，根据季节的变化和搭配需要及时购买各种应季草花，当然也可以自己育苗，需要花费的时间和精力会更多一些。在杂货装饰区，可以精心挑选一些心仪的装饰品，增加花园的层次感和趣味性。

GARDEN SHOW
EXHIBITION
Give
Thanks

第三步：如果家中有花池、花坛，可以考虑打造一个小型花境。靠墙位置种一两株高一点的焦点植物，一般为灌木类，如溲疏、喷雪花、金边凤尾兰等；在灌木前面呈扇形种 3 ~ 4 种中等高度的花草，最好是线性花草，如郁金香、千鸟花、马利筋、醉鱼草等；在最前方搭配一些相对低矮的花草，如紫罗兰、矾根、穗花婆婆纳等；最后在植物间隔位置，种一些铺面植物，如过路黄、万年草、筋骨草等。

如果想充分利用墙面，可靠墙边种植藤本月季、风车茉莉、铁线莲等藤本植物，打造成一整面花墙。关于花境色调，配色最好不超过三种，我的花境色调主要是白色搭配紫色。总之，为了实现四季有花可赏，要提前进行植物规划和种植，让我们一起行动起来吧！

波叔的花园，清新、自然、脱俗。花境以白色为底色，搭配紫色，仙味十足之外还颇有些浪漫感。花园的杂货不杂，与花草相得益彰，在这样的花园里，四季轮转、生生不息。草木繁盛、水色葱茏、硕果累累，满心满眼都是生机盎然的景象。

露台花园打造可分三步：第一，造园前要构思好花园的基本框架和各种功能分区；第二，选择花园的主景植物，使花园植物高低错落分布；第三，因地制宜打造小型花境。

冬虫的花园

▲坐标：浙江温州

▲面积：80 ㎡

▲设计者：冬虫

扫码观看花园视频

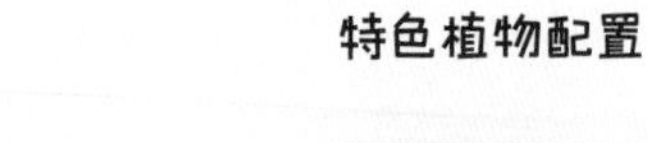

荷兰菊

毛地黄

月季

铁线莲

三色堇

水仙

绣球

穗花婆婆纳

拥有万千世界，都不如拥有一个自己的花园，用四季演绎“美”的传奇。

所有的设计规划都已在心中无数次筹谋，所以根本不会踌躇，买材料、施工、圆梦不过几个节气的浸润。当青翠滋润占据了绝大部分，当花草次第攀援了空白栅栏，不断追寻适合自己的特色，形成具有自我风格的花园。

大概是三年前就开始了“花奴”生涯，和大部分人不一样的是，我是为了有更新鲜的花材、食材搭配早餐，才开始慢慢种植。从薄荷、迷迭香、罗勒叶、角堇到月季、绣球，从最早的阳台和楼顶小露台，到现在的楼顶大露台，一步一步地迷上园艺，从原来疯狂买买买的加法，慢慢控制做减法。

云淡风轻的清晨，在自己的花园里，吃自己种植的食物和自己做的早餐，是不是别样美好精致？慵懒清浅的午后，在自己的花园里喝下午茶，花园美景、有格调的茶桌、幸福的人们，隽永美好的记忆。

在设计花园的最初，就考虑到了花园的功能性，一个完整的花园应该是美丽与实用兼备的，虽然打理花园要花费大量时间和精力，但是一到花开的季节，朋友们聚在一起，就觉得特别有意义。我有小龙虾，你有酒，她有故事吗……

从早春到初夏，每个周末，花园的聚会一直在继续，朋友戏谑地说："应该出一个私人定制的花园私房菜……"这块休闲区是和朋友聚餐、烧烤、下午茶的好地方。

花园搭配充满生活气息的杂货，可以形成独特的韵律感，随着时间的冲刷将会越来越有味道。

早春的球根，把关于春天最初的美好一一呈现。

夏日的清凉，必须有冰镇杨梅汁、冰镇西瓜、棒冰的加持，吹着舒服的微风，感觉生活很慢，日子很长……

有人说花草很难打理，但只要付出时间和耐心，它们就以满园春色来回报你。塔莎奶奶说：“我一直都以度假的心情度过每天、每分、每秒。”我要让度假风吹遍花园的每一个角落。

黄金庆典搭配毛地黄，打造出柔美的一角；淡紫色的飞燕草倚靠在藤架边，风情万种；天生丽质的“王妃”甚是醉人；龙沙宝石虽然花儿都没有开爆，但是随风摇曳也是一种美啊！

防腐木条钉上铁丝网，刷上白漆，就有了一个隔断，等这棵铁线莲爬满，就有了一面花墙。

请木工师傅打造了一个秋千架，网上淘来秋千，刷成白色，两边爬上薰衣草花环和夏夫人，圆了我和女儿的秋千梦。

很多人说每天那么忙，哪有那么多时间打理花园？等我退休后，等我有了大院子，等我……

其实，喜欢你就会利用各种时间去做，或者选择永远在等待……

花园里有两个带洗手盆的操作台，既方便备餐，又方便清洁。

白色木栅栏上装饰了一面镜子，植物投影在镜子中，让空间看起来更开阔。这里还是一个大操作台，台面下堆满了肥料和各种杂乱的物品。

做这一排栅栏时就想一定要在栅栏边种上梦幻、粉蓝的绣球“无尽夏”，就爱它那清新柔美的色调。想让“无尽夏”开出梦幻蓝需要创造两个条件：一是让土壤里含有丰富的铝元素；二是创造酸性环境，让铝变成游离态的铝离子。在花蕾形成前，我就开始给它加硫酸铝、硫酸亚铁、白醋和钾肥，最后终于开出了我想要的颜色。

小道边，檐廊下，挂上秋千，大朋友、小朋友都喜欢坐下来晃悠一下。

鱼儿也想来一场鲜花浴。

花园需要时间的沉淀，历经岁月的洗礼才会慢慢达到理想的状态。

绣球喜阴不喜阳，春天最好移到室外半阴处养护，夏天需要适量遮阴，秋天光照渐弱，要将它放在明亮的地方。绣球需要经常浇水，但一次不能浇太多，浇水过多容易引起烂根，还会造成叶多花芽少、花期推迟等情况。春夏要多浇，秋天适量减少，冬天要再次减少。它喜欢酸性土壤，平时除了正常浇水以外，还可以在水中掺入一两滴食醋。绣球秋天孕育的新芽可能就是来年的开花主力，所以这个时候不要修剪，以免影响来年花量。

荷塘月色的花园

▲坐标：浙江杭州

▲面积：72 ㎡

▲设计者：荷塘月色

扫码观看花园视频

特色植物配置

朱顶红

耧斗菜

铁线莲

绣线菊

飞燕草

穗花婆婆纳

郁金香

毛地黄

两年前，偶然踏入朋友家的露台，美丽多姿的花儿让我惊艳，由此萌生了把家里的楼顶平台打造成花园的念头，我的园艺之路从此开启。

花园晨光轻洒，花儿千娇百媚，鸟儿叽喳欢叫，空气弥漫花的芬芳，花开满园的场景就在眼前，心里是满满的喜悦。

早春的洋水仙、郁金香闪亮登场，婀娜多姿，摇曳起舞。

绣球花盛开的季节，一簇簇花团缀满枝头，令人赏心悦目。

我也常常陶醉在耧斗菜花中，闭上眼睛，时光仿佛都停滞了。

花间小径，虽短似长，

徜徉其中，似步入心灵殿堂。

毛地黄是我钟爱的花，它们一串串奋力向上，每年都会种上两三棵做花境。去年秋天从花友处分享来的种子，在最好的一块地播种育苗。

“水晶帘动微风起，满架蔷薇一院香”，藤本月季“胭脂扣”与景致浑然一体。

蓝天下的大滨菊淡雅清纯，散发出少女般的活力；铁线莲开成了一面花墙；花境中的穗花婆婆纳自在悠闲。

饰物和盆器也相当丰富。水龙头隐藏在蓝色小房子装饰中，可爱的小天使陶醉在盛开的绣线菊下，各种材质的花盆，繁多却不纷乱，在视觉的统一上把握得很出色，极富生活气息。

两年前在这棵盆景树脚种了多肉，夏天枝繁叶茂为它遮阴，秋天落叶了，多肉充分享受阳光，两种植物和谐相处，共同生长。

好一幅人间仙境，纵使天上瑶池，也不能换我所爱。修行从园艺开始，让我们静待花开花落。不急不躁，岁月静好，人间有味是清欢。

心得分享

在繁花似锦的花园背后，是每天的辛苦劳作，累并快乐着。在造园过程中，我的摄影、插花、布景水平也得到了提升。从最初购买成品花，到后来学会播种、育苗、打顶、扦插、花境设计，不断累积经验，花越养越多，越种越好，终于打造出了我的理想花园。朋友来了，赞叹不已，下意识拿手机、相机留下美好瞬间，我结识了更多的朋友，也分享了更多的快乐。

大姚的露台花园

▲坐标：河南郑州

▲面积：露台 20 ㎡，阳光房 13 ㎡

▲设计者：大姚 · 籽彣

扫码观看花园视频

特色植物配置

白木香

风车茉莉

虞美人

无花果

三角梅

月季

小木槿

大丽花

人们在花园里看见的，不应该只有花开，而是藏在草木四季枯荣之间，生命的力量和巨大的感动。

——皮特·奥多夫（Piet Oudolf）

我现在住的房子是一个顶层复式，20 年的老房子，没有电梯，车位紧张。买下这个房子是因为它有一个 30 多平方米的露台，当时觉得跟之前房子的小阳台比已经很大了，可是现在感觉已经满足不了不停种花的我了。我是常年宅家的自由职业者，因为这个小小的花园，我才有了可以随时放松的一片天地。

原露台 33 平方米，露天的环境可以让植物更多地感受自然环境。因为是北方，有些植物不耐寒，所以用 13 平方米搭建了一个阳光花房，也装了暖气，冬天是花房的天下。

房子还没有装修好就种下了露台的第一棵植物——三角梅，现在是阳光花房里的焦点。不过这种南方植物，在北方真的不好养，虽然小心翼翼地呵护，却也总是掉花、掉叶，对北方花友来说太难了。

花房里最多的就是多肉类，前两年特别迷多肉，买了很多。相比其他植物，多肉真是太皮实好养了。

露台花园的焦点是一棵白木香，围绕它打造了一片白色花朵区域，一簇簇的白花从屋檐上垂下来，可惜花期太短，我们每年都会在这里拍摄全家福。

我的小男神每天起床的第一句话就是：“妈妈，我们去花园吧！”然后看看草莓红了没有，再去摸摸蓝莓，还有小葡萄和无花果。喜欢跟妈妈一起浇花，喜欢花园的秋千，喜欢让妈妈“人工降雪”，喜欢看蜜蜂、蝴蝶，给花草翻盆的时候跟妈妈一起找蚯蚓，然后把它们放在另一个花盆里，仔细地埋进土里。在这里，他认识了很多植物，也会帮妈妈干一些力所能及的事情，很多的亲子时间都在这里度过，没有手机、没有动画，我们变得更亲密、更快乐。

今年更喜欢的是有自然野趣感的植物，现在也在努力把花园往自然花境的方向打造。我爱上了白色的小雏菊，它简直太可爱了，充满野趣，又特别好养，明年准备多种一些，用它来打造一个充满野趣的小角落。

花园现在是以色调来区分打造的，一个白色系区，然后过渡到黄色系区，再到粉紫色系区，也会有一些小的盆栽穿插点缀，与其他区域的色调相呼应，整个花园就会看起来很协调。最近在努力研究了解更多的植物，想要打造一个不同季节、同一区域、不同色调的植物搭配，这是一个长期的实践过程，要慢慢来，这也是我今年花园的主要工作内容。

白色系到黄色系的过渡，白木香到玛格丽特王妃，然后是金丝雀，金丝雀落幕还有大丽花上场。

黄色系到粉紫色系，中间用大滨菊，然后是铁线莲乌托邦，再到藤本月季“蓝色阴雨”和绣球。白色拱门是花园另一个重点打造的区域，主要用了藤本月季“自由精神”和“龙沙宝石”，由粉紫过渡到蓝紫色系，蓝紫色系主要是绣球、藤本月季“蓝色阴雨”、大花葱和铁线莲。

花园和阳光房用了很多串灯，打造出梦幻般的感觉，晚上待在这里也很舒服，如果能再搞个烧烤，那就更美了。

MONROVIA

花园里也种一些给小宝宝吃的果实类植物，草莓已经落幕，葡萄和无花果就快上场了。

最初，我是不喜欢买小苗的，因为真的不太好养大，效果出来得也很慢，所以，开始造园的时候我会先选好几种大的主体植物，规划每个角落以哪种植物为主，以哪种色调为主，然后再买小型的植物去填充，等花园的大概轮廓差不多了，这个时候可以试着养一些小苗，观察、研究它们的生长特性，也可以做试验，即使失败了，也不太会心疼。

拥有这个露台小花园快两年的时间，在不断的调整中，花园越来越美丽，不过还没有达到自己满意的效果。也在尝试更多新的植物种类，了解植物的生长特性，不同时间的不同状态，一有空就在思索怎么改造花园。希望我的花园从布局到色彩都更加整体，打造一个一年四季都有不一样风景、四季都让人心动的小花园。

喜欢花是女人的天性，一个喜欢莳花弄草的人，在花园里干活就是最放松身心的事情，一进去就不想出来，细细地观察一棵植物的生长，享受生命成长的过程带给你的喜悦，享受用心劳动所带来的成果，看到满枝头的花苞比看到满树的繁花还要激动的心情，这可能就是平凡生活中带给自己不一样的幸福感受。当然，想要好看的花园，也不能只是一味地种花，还要考虑整体布局、配色、层次、美感，时常调整软装家具和布局，仿佛又有了一个新的花园，这也是自己放松心情、享受生活的乐趣和方式。

茗妈花园

▲坐标：辽宁大连

▲面积：南露台 15 ㎡，北露台 20 ㎡

▲设计者：茗妈

扫码观看花园视频

特色植物配置

绣球

月季

卷耳

澳洲狐尾

石竹

蓝盆花

落新妇

铁线莲

就像《园丁的一年》里说的那样：“最美好的事物就在我们前方，花园每过一年都会变得更加茁壮和美丽。”正是这份美好和热爱，让我沉浸其中。如今“茗妈花园”的牌子掩映在花丛中已锈迹斑驳，那是时光的痕迹，有温度、有感情，历经六年风雨的茗妈花园变成了我喜欢的模样。

厨房窗外是北露台花园，也是入户花园，背靠青山，有 3 ~ 5 个小时的日照，以耐阴植物和宿根花境为主。邻居们在花香满溢的门前经过，一路赞美，最让我开心的是，在我的影响下，家家露台都种上了花草。

露台私密幽静，视野开阔，远处群山逶迤。每个清晨都被花开的声音唤醒，推开窗户，看姹紫嫣红，听鸟儿歌唱。

北花园上四级台阶，就是一个入户门廊，放一桌一椅，一个杂货柜、杂货架，我喜欢坐在这里，不知不觉忘记时间的流逝。

南向露台用耐火砖砌了 90 厘米高的矮墙，在矮墙上架起 130 厘米的铁艺拱门，爬上欧月，露台立刻有了立体感。为了更大限度地利用有限的空间，在空调外挂机上做了一个可移动防腐木台架，上面可以放植物和杂货，为了不影响散热，正面用木、铁结合设计。为了视线通透，矮墙上用铁艺花片做隔断。北露台也定制了铁艺拱门，跟邻居家相邻处做一个防腐木墙镶嵌铁艺花片，从室内引出水管，用红陶做水柱，大型改造几天完工，细小的局部改造从没间断，南露台换旧枕木做水管柱，北露台安装青蛙王子缠水管架……造园的过程中我发现了自己的潜能，油工、木工、瓦工无所不能，今年春天成功把防腐木重新上漆，刷成做旧的蓝绿色。

小空间巧用墙面、栏杆甚至雨水管，能让方寸之地平添很多妙趣横生的空间，丰富花园内容。

北露台的半日照环境极适合种植绣球，只要给足水几乎没有病虫害。欧洲木绣球是早春开花，颜色由葱绿变洁白，长势很容易成“大树”，花量大、气场足。大花绣球从盛夏一直开到深秋，颜色也随着季节不断变换，从初开到最后染上秋色。品种有魔幻珊瑚、水晶绒球、玫红妈妈、平顶绣球塔贝、无尽夏。花园里有一棵无尽夏，未经调色自然成蓝，它是我花园里的网红。

月季主要种在南露台，看惯了爆盆的热闹，也喜欢寥寥几朵姿态优美的意境。我喜欢清清爽爽的色调，白色、紫色、做旧色，姿态摇曳。推荐的品种有天方夜谭、蓝色物语、蓝色风暴、蓝色阴雨、萨菲、荷兰老人、灰色骑士、薰衣草艾丽丝、白米农、杰奎琳杜普蕾等。最值得推荐的是果汁阳台，杯状花型且多花，单朵花期长，多季节开花，颜色变幻，初开为橙色，然后一点点褪色变成柔和古典的白色。

铁线莲占据空间小，包查德伯爵夫人、索利纳攀爬能力强、花量大，摇曳多姿；紫铃铛和樱桃唇精灵可爱，像一串串小风铃。

拜访过北海道上野砂由纪的“风之庭院”和“上野农场”，她的宿根花园错落有致，色彩搭配和谐，清新自然。自然风格也一直是我喜欢的，细细碎碎的小花安静地开着，温柔到你的心底，所以今年我也用心打造了一处宿根花境，以白色或紫色为主调，高处垫起，顺势而下，行走其中犹如走在小时候开满野花的田野上。

我也喜欢花园里的“大高个”线形植物，它增加了花园的立体感，随风摆动，婀娜多姿，更显灵动。

我收藏了很多杂货，它们也是花园里的亮点，与植物和谐搭配让花园有温度、有内容、有故事。在我的花园里，只要你用心去找，每个角落都有惊喜。我最爱逛园艺杂货店，有从荷兰背回来的青蛙王子，切尔西花展上的园艺工具，东京玫瑰展上带回来的风铃、胖嘟嘟的红陶小鸡、铸铁“欢迎”牌……这些都是美好的回忆。

每年我都会做不同风格的组合盆栽，今年最得意的作品是做旧铁杯搭配上“高级色”的植物，洋溢出满满的精致感。组合盆栽需注意选择苗情大小一致、花期相同、习性相近的植物，种植的时候也要注意手法和造型。

花园每个角落都精心布局，颜色尽量控制在白色、紫色、绿色等素雅色系，掌控植物的株形。花园里干净整洁无残花，工作之余我都待在花园里，每天早晚必清扫。我喜欢伴着鸟鸣在花园里劳动，很享受这个过程，累并快乐着。

隆冬时节大雪纷飞，茗妈花园像一个洁白的童话世界，花园萌宠在雪堆里憨态可掬，植物开始沉睡，静待春风再起。花园已成为我生活的一部分，记录一年四季的日常。

一座好的花园应该一年四季都不寂寞，植物配置要考虑到春天、夏天，一直到秋天，花园每季都有花开。初冬给红陶盆里种上羽衣甘蓝，陶罐里插上红果冬青，院子里堆放大南瓜，让冬天冷寂的花园变得温暖。

大连冬天温度不算太低，但是风大，大北风会吹干枝条，多数植物过冬需要保护。可以订购一个可拆卸塑料棚，在冬天来临之前把绣球、月季、铁线莲等部分宿根植物简单包裹一下放进棚里，时时监控温湿度，气温合适的时候白天短暂开窗通风，整个冬天补水一次，清明节前后根据气温情况及时拆棚避免花期提前。

打理花园让我的生活充满欢乐，从春天种下小苗的希望，到夏季的花团锦簇，再到秋天的层林尽染，以及冬天植物的沉睡，我更加真切地感受到了时光的流逝，是花园给了我更多美好的回忆，是花园让我找到了久违的纯真和简单……

微语的花园

▲坐标：陕西咸阳

▲面积：54 ㎡

▲设计者：微语

扫码观看花园视频

特色植物配置

角堇

铁线莲

矮牵牛『百万小铃』

黄金络石

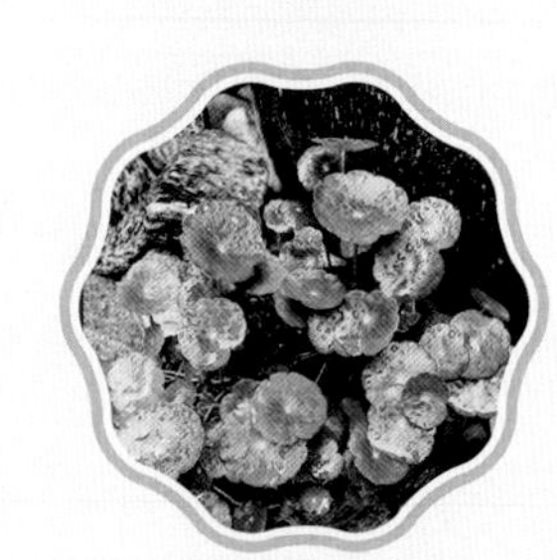
铜钱草

多肉植物

绣球

蓝雪花

“浓绿万枝红一点，动人春色不须多。”微语花园，一个游走在花朵之间，让人惬意、令人神怡、叫人美不胜收，却又能卸下疲惫的地方。

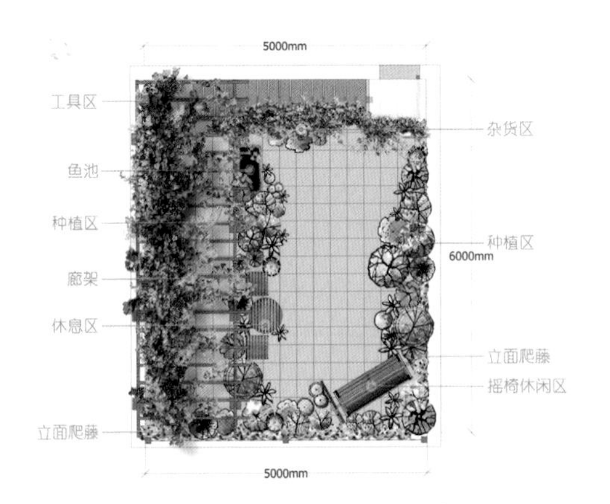

我的露台花园分为南、北两个，遥相呼应又相得益彰，不同的结构特点，显示出不同的味道，各自生机勃勃。我亲切地称它们为“南方的姑娘”和“北方的汉子”。

清晨的鸟鸣，叫醒熟睡中的花朵，推开门走进“姑娘”的闺房，阵阵清香扑面而来，映入眼帘的是前来迎接的“斑马”和“小鹿”，仿佛在说：欢迎你来园中做客。

冬天过后，角堇依然昂扬地绽放着自己，不论怎样恶劣的天气，总能泰然处之，那么倔强又美好。铁线莲也在自己的世界里尽情狂欢。

清澈的池水倒映着蓝蓝的天空和软绵绵的云朵，鱼儿自由地穿梭在水中，为这个夏天增添了一分生动与清凉。微风徐徐吹来，清香四溢，让人沉迷。

被阳光轻轻舔着脸颊的花朵，羞涩又从容地探着头。植物好似自己散落而来，让每个角落春意盎然，有香有色，有花有果。

空旷的墙壁有了美丽的风车茉莉，不再孤单。

我很庆幸有这么一块向阳的露台，希望每天都有花开。从欧洲远道而来的月季，花形华美瑰丽，色彩丰富多变，香气更是迷人。藤架上的“大游行”，争先恐后地肆意绽放着自己的美，遥似天边的一抹大红袍，自带富贵喜庆，令人不得不欢喜；淡雅的白欧月，静静地诉说着岁月静好。

不甘落后的小微月和蓝雪花，伸长枝头，贪婪地汲取着金灿灿的阳光。

调皮的“兔子”竟然偷偷地用花瓣装扮自己，三只“小鸭”一直在争论着池中有几条可以让它们“饱餐一顿”的鱼儿，“青蛙”惬意地躺在花丛中，这些童心未泯的摆件，为花园增添了几分乐趣。

木头上一条条的缝隙，仿佛在与月季、黄金络石窃窃私语，五年的时光都写在了斑驳的墙面上，每一条纹路都记录下了一个美好的故事。

肆意绽放的绣球是花园的焦点，百万小铃和玛格丽特为花园增添了一分活泼与生机，小巧而精致，让人移不开目光，时间仿佛停留在此刻的花香鸟语中。

打理花园不易，但却乐在其中，满园的花草因为你的悉心照顾能更加自在且安心地生长。看着它们都在努力地装饰着这个花园，为这个大家庭添彩，那一刻感觉所有的付出和汗水都值得。

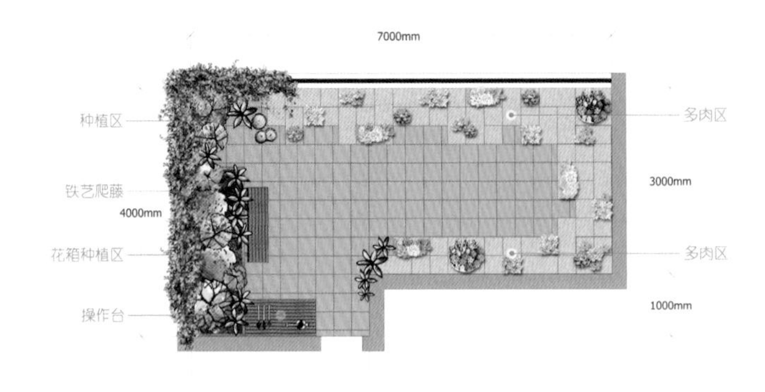

“北方的汉子”，没有太多的细腻与柔和，展现出来的更多的是不羁的格调与空间感。

晚霞偷偷爬进栅栏，享受着这一方美景。那些被丢弃的青砖瓦砾，在北院和多肉一起续写着生命的传奇。每个多肉都是具有独特魅力的个体，有的活泼豪放，将枝干都伸出了盆外，有的则安静地待着，朽木有了多肉的陪伴，有了枯木逢春的意味。

心得分享

我用五年时间打造了这个美丽的花园，它也用五年的光景还给了一个充满耐心和热爱生活的我，我们相互给予，也相互成就。这种感情是很微妙的，花草不懂言语，却是最好的倾听者。它们在静默的轮回里，沉淀生命里的情深，给我们一春又一春，一夏又一夏。罗素说：“所谓幸福的生活，必然是指安静的生活，原因是只有在安静的气氛中，才能够产生真正的人生乐趣。”人生的快乐与否，不在于外物，而在于内心，快乐在于心境。

七月花园

▲坐标：云南昆明

▲面积：37 ㎡

▲设计者：雨拉

扫码观看花园视频

特色植物配置

蓝雪花

天竺葵

姬小菊

繁星花

绣球

金光菊

风车茉莉

朱顶红

早在看房的时候，我就迫不及待地画起了花园设计图。面积不大的露台，当然每一寸都要精打细算，养花那么久，深知地栽的强大，所以必须要砌花池来种花。匆匆画好了大概布局，就开始安排每一个地方该种什么。

我家的春天是从什么时候开始的呢？大概就是从第一盆洋水仙开花开始的。葡萄风信子也陆陆续续地开了，有很多个品种，今年的葡萄风信子种得很好，比起往年进步了许多。

三月份，半边莲是花园里最闪亮的星，而这个时候，洋水仙和葡萄风信子已经开得差不多了，我家的种球总是结束得有点早，可能是昆明比其他地方暖得早，所以花期都提前了。这个时候的花园，紫藤才刚刚开始冒芽，风车茉莉也刚长出新叶，花骨朵都还小小的。

露薇花作为常年的爆花选手，有它在的区域，永远都不会寂寞。这个时候也是菱叶绣线菊的高光时刻，但是在整体白色基调的背景下，似乎并没有很好地突出它的美。

到了四月初，朱顶红和月季都开始陆续开放。朱顶红全部摆放在一起，视觉上很是震撼。当然，单独的一棵也很美，是绝对的视觉焦点。

各种草花也都开始进入爆花时刻。仙气飘飘的冰岛虞美人搭配低矮的花叶香雪球，旁边还种了一棵福禄考，只是花期没凑在一起。墨西哥飞蓬草如野草一般肆意生长着，侵占了周围植物的地盘，但它开得那么旺盛，我有点舍不得修剪它。

美女樱和木提篮容器搭配出来的这个小花境我特别喜欢，盛花期总忍不住各种角度去拍摄它。

在休息区与外面的栅栏处，一边做了一个小景，这个区域主要是观叶植物，然后可以随季节换上当季的草花作为点缀。

英国山麦冬在这里看似是背景，实则非常亮眼，它新叶是白色，老叶变绿，颜色深浅的变化，让它自带光影效果。另一棵组盆的半边莲，也是爆花成一片蓝色。

蓝色的背景板是今年刚做的，还有小假窗、昆虫屋、风车茉莉的爬藤格子架、休息区大桌子，露台花园里所有的木工，都是我们亲手完成的，有去垃圾堆里捡木料回来改造的，也有去木材市场买木料回来做的。

这一片花境靠墙种的是一排铁线莲，前面种了一棵墨西哥羽毛草、一棵垂吊风铃草、一棵藤本月季“耐心”、一棵薰衣草，紫色、绿色、白色搭配，颜色十分清新。

这棵紫藤今年长得非常快，前两年几乎没有生长，也不开花，今年迅速蹿藤，明年应该就会开花了。

用剩下的木料做的草莓种植箱。

桌椅后面的花池里种了三棵莳萝，没想到它们能长得这么巨大，把旁边的百合全部挡住了。

我一直想拥有一块草坪，但是露台草坪的养护实在是太困难了，所以没有全部铺草坪，只围了两米多宽的地方，做了一块小草坪。用砌花池剩下的红砖铺了条小路，又铺了些碎石子，氛围感就出来了，沿路种了些草花，有高有低，一路都是风景。

终于迎来了月季的高光时刻。

六月，雨季来临，花池里的植物开始疯长，在蓝天白云的加持下，花园呈现出一种清透的美。空间不大，却实现了我的花园梦，各种应季的花草在属于它们的季节，纷纷绽放……

心得分享

小巧而精致的空中花园，精心打造成了花仙子的聚集地，各种花草在属于它们的季节，纷纷如约而至……花园虽小，却容纳了心里的全世界，空间不大，草坪和花草小径也因地制宜地打造了出来，理想有大小，能实现就好。马德说：“人世真正的幸福，是一种知足感，是心气平和，笑对生活中所有的欲望浮沉。”就像这座花园，既有繁花似锦、杨柳青青的美景，也会有西风残照，碧树凋零。愿我们所有的快乐都是发自内心的，时光恰好，微风不燥……

嗯嗯花园，爱的陪伴

▲坐标：广西南宁

▲面积：北露台 30 m²，南露台 15 m²

▲园主：爱与信

▲摄影：黄小花

扫码观看花园视频

特色植物配置

蝴蝶兰

绣球

朱顶红

矮牵牛

石斛

百合

我的花园叫嗯嗯花园，朋友们都觉得我的花园名好萌，其实，起名嗯嗯，是因为女儿。我和孩子的爸爸都是上班一族，常年加班，女儿小时候特别黏父母，好不容易等到爸爸妈妈回家了，眼巴巴地盼着爸妈能陪着多玩会儿，但我们常常一边哄着她，一边还要忙着处理工作，小家伙一边玩一边说：“一心不能两用的！”我们常常会“嗯嗯”以示回答。

小花园取名嗯嗯，是女儿的意见，也是我们为人父母却不能常常陪伴她童年成长的愧疚。

我住的城市在南疆边陲——南宁，是一个只有夏季和冬季的城市，春天和秋天短暂得只有一两周，满城的绿色和色彩浓烈的花，如朱槿、扶桑花，开得最轰轰烈烈的花是玫红色的三角梅。大概是审美的疲劳，也大概是不甘平凡的心态，我的花园虽然有上百种植物，但种植最多的是南宁之前不多见的绣球花和百合花，一种就是几十棵、上百棵，盛开时，密密集集的，你挨着我，我挨着你，入眼的是花，入心的是快乐和幸福，满满的欢喜抑制不住地洋溢开来。

我的露台小花园分三部分，30 平方米的北露台、隔出来的一间小阳光房和南面狭长的小露台。亲朋好友每次看到我建成后的小花园，总是赞叹羡慕，这么的繁花似锦，还这么的干净，也总会问我工作那么忙还要打理花草一定很辛苦很累吧？是啊，确实很累，但也乐在其中。

小花园是我自己一个人折腾的，和设计师沟通规划，与施工师傅落实施工细节，建花槽、敷设户外照明、修小池子，购买花苗、种植土、园艺工具、花盆、花肥……房子还没装修完，花园里就开始种各种花草了。

喜欢天气好的时候，在花园的水池边、绣球花下喝杯花茶，看本杂志，百合花香随风飘过，看着已经上初中的女儿，还像小顽童一样拿着捞鱼的网兜跑来跑去，扑蝴蝶、捉甲虫，觉得阳光刚刚好。花园还在建设时，女儿就上初中住校了，一周就回一两天，没了小家伙的声音，家里很安静也很寂寞，很多时候，花园就像我的第二个女儿，对我而言，是家人，是陪伴。我喜欢在花园里劳作，甚至什么都不做，什么都不想，只是在花园里修剪枝丫，拔拔草，烦躁的心情就会平和下来。

看过很多“大神”的花园作品，也知道自己的花园没有太多的修饰，只有几个“小猫”、“小鸟”、“小青蛙”的饰品，花盆也多是最质朴的塑料大黑盘、灰盆、陶盆，喝茶的茶杯不是玻璃杯就是白瓷杯，花纹都没多一丝。园里除了特别好养的锦鲤和不请自来的各种虫子、蝴蝶、小鸟和小树蛙，没有养其他小动物，也实在照顾不过来，担心养出自闭的猫或者忧郁的狗，但这个风格就是我这样的上班理工女的风格，就如同天下的父母都认为自己的孩子是最好的一样，我也认为我的小花园是很好的。

找开摄影工作室的朋友帮忙拍摄了花园，就如她所说“青春不是一段年华，而是一种心境。所以，建议无论女性还是男性，找个自己喜欢的肖像馆，不要管现在的自己是胖了老了，还是状态不好，或者工作太忙……正如阳光好像每天都洒向大地，日子好像总是很长，其实啊，时间只是撒了欢似的拉着我们一路狂奔，我们一恍惚就错过了现在的自己”。

就算现在的花园不是最美的，有这样或那样的缺点，但它还是我的最爱。美丽的花园有很多种，中式的、日式的、欧式的、混搭的……有的大美、有的精致、有的小确幸，但那是别人家的花园，陪伴我的是我的小花园，它可能不完美，但我不想错过它现在的样子。人生最好的境界不是诗，也不是陌生的远方，而在于平静下来后，发现眼前熟悉的一切皆心之所往。随时撒种，随时开花，至少骄傲地盛开过。时间，会带来惊喜，只要我们肯认真地走过每一天。愿你在时光中盛开，一生被岁月宠爱……

图书在版编目（CIP）数据

超实用！我的露台花园 / 哓气婆编著. -- 南京：
江苏凤凰美术出版社, 2022.5
ISBN 978-7-5580-9852-9

Ⅰ. ①超… Ⅱ. ①哓… Ⅲ. ①庭院－园林设计 Ⅳ.
①TU986.2

中国版本图书馆CIP数据核字(2022)第065469号

出版统筹　王林军
策划编辑　段建姣　宋　君
责任编辑　王左佐
特约编辑　宋　君
装帧设计　李　迎
责任校对　韩　冰
责任监印　唐　虎

书　　名　超实用！我的露台花园
编　　著　哓气婆
出版发行　江苏凤凰美术出版社(南京市湖南路1号　邮编：210009)
总 经 销　天津凤凰空间文化传媒有限公司
总经销网址　http://www.ifengspace.cn
印　　刷　雅迪云印（天津）科技有限公司
开　　本　710mm×1000mm　1/16
印　　张　11
版　　次　2022年5月第1版　2022年5月第1次印刷
标准书号　ISBN 978-7-5580-9852-9
定　　价　59.80元

营销部电话　025-68155792　营销部地址　南京市湖南路1号
江苏凤凰美术出版社图书凡印装错误可向承印厂调换